AF253616

ŒUVRE

DES

CERCLES CATHOLIQUES D'OUVRIERS

CENTENAIRE DE 1789

AGRICULTURE

1789-1889

PARIS

BUREAUX DE L'ASSOCIATION CATHOLIQUE

202, BOULEVARD SAINT-GERMAIN, 202

1888

—

L'AGRICULTURE

1789-1889

—

I

COUP D'ŒIL RÉTROSPECTIF

L'agriculture, en France, a passé par des vicissitudes nombreuses ; elle a eu des alternatives de prospérité et de décadence, correspondant aux phases historiques diverses que le pays lui-même a traversées (*).

Les admirables travaux d'érudition, parus depuis quelques années, ont provoqué une surprise générale en montrant qu'à la fin du Moyen Age l'aisance la plus grande régnait chez les habitants des campagnes, et que la population de la France atteignait à peu près le chiffre où elle est aujourd'hui. Les documents découverts dans les archives, les inventaires, les livres de compte, publiés en grand nombre, ne peuvent laisser aucun doute à cet égard.

Mais quel contraste quelques années après! La guerre de Cent ans a ruiné le pays ; un tiers des habitants a disparu. La

(*) Sources à consulter : *Procès-verbaux et cahiers des Etats Généraux ; Correspondance des Commandants militaires en 1789* ; Dr RIGBY'S : *Letters from France*, 1789, London ; le marquis de MIRABEAU : *L'ami des Hommes ; Voyages en France* d'ARTHUR YOUNG ; *La vie rurale dans l'ancienne France*, ALBERT BABEAU ; *Histoire des classes rurales*, par DONIOL ; *Histoire des classes agricoles*, par DARESTE ; *Histoire des paysans*, par EUGÈNE BONNEMÈRE ; TAINE : *L'ancien régime*. 1er volume, *Le Peuple*.

même situation lamentable se retrouve à la fin des guerres de religion, et il faut toute l'intelligente initiative d'un Sully pour relever l'agriculture de l'abaissement où elle était tombée. Avec lui s'ouvre une nouvelle période de prospérité. Au XVIII° siècle, la situation des habitants des campagnes s'est de nouveau modifiée, et, dès la fin du règne de Louis XIV, l'appauvrissement et la misère ont reparu. Quarante années de guerres, des impôts considérables pour les soutenir, des levées d'hommes continuelles, ont créé un état de souffrances qui s'est maintenu jusque sous Louis XVI, et prépare naturellement les esprits des cultivateurs à accepter toutes les transformations dans l'espoir d'améliorer leur condition.

Ces alternatives diverses expliquent les contradictions qui se rencontrent trop souvent chez les historiens ; leurs appréciations varient, en effet, suivant la période qu'ils envisagent, et un grand nombre tombe dans cette erreur de croire qu'à toutes les époques l'agriculture a été réduite aux tristes conditions où nous la voyons pendant cette période de décadence, qui commence avec le XVIII° siècle et a nom l'ancien régime.

Cependant ce qui s'est maintenu, malgré des vicissitudes diverses, c'est le grand nombre des petits propriétaires. A l'encontre de ce qui s'est passé en Angleterre, le sol de la France est resté comme au Moyen Age, pour une grande part, aux mains de ceux qui le cultivent. Son extrême division frappe par le contraste le voyageur anglais Arthur Yung, quelques années avant la Révolution. Aussi la prétention de quelques historiens de faire dater de cette époque l'organisation de la petite propriété relève, comme quelques autres légendes, du domaine de la fantaisie.

La petite propriété est d'essence naturellement chrétienne, et elle remonte aux époques où s'est effectuée l'organisation sociale, non seulement de la France mais de l'Europe, sous l'influence des idées et des principes du christianisme.

Malheureusement, si le régime de la propriété a maintenu la possession d'une partie du sol entre les mains de ces familles de cultivateurs vivant sur leur bien, libres, laborieuses, économes, qui font la force de la nation ; bien des vices d'un autre genre l'ont envahi, pendant la période qui précède la Révolution.

Absentéisme.

Sur les grands domaines, l'absentéisme des propriétaires a eu les plus graves inconvénients. Le paysan n'a pas affaire au seigneur, mais au régisseur, dont le meilleur est naturellement celui qui fait rentrer le plus d'argent ; intermédiaire qui n'a pas le droit d'être généreux aux dépens de son maître, et qui est fatalement tenté d'exploiter le cultivateur. Souvent, le commis est remplacé par un tiers, un « adjudicataire » qui, moyennant une somme annuelle, a acheté au seigneur l'exploitation de ses droits.

Cette situation n'est cependant pas générale. Si beaucoup de familles ont abandonné leurs terres où elles avaient une grande fonction sociale pour vivre à la cour, où bien souvent elles se ruinent, la plus grande partie de la noblesse est restée dans les provinces.

Ses rapports avec les cultivateurs sont plus faciles, mais, néanmoins, la situation privilégiée qui lui est faite, les droits seigneuriaux dont les populations ne comprennent plus la nécessité et ne se rappellent plus l'origine, ont créé une situation d'autant plus tendue que, d'autre part, l'agriculture est moins prospère.

Impôts.

Celle-ci, en effet, succombe sous le poids d'impôts exorbitants. Les charges de l'État se sont constamment accrues et les agriculteurs en supportent la plus grande part.

Taine estime que dans les principaux pays d'élection, l'impôt direct seul (1) prend au taillable cinquante-trois francs en moyenne sur cent francs de revenu net. Il faut encore y ajouter les impôts indirects (2) qui sont très lourds et les redevances seigneuriales. Les journaliers eux-mêmes, sans propriété, paient ici huit, neuf ou dix livres de capitation ; ailleurs dix-huit ou vingt livres, car il ne règne aucune uniformité et les taxes varient suivant les provinces.

Pour la gabelle ou impôt sur le sel, chaque personne, même les enfants, est tenue d'en acheter sept livres par an ; à quatre personnes par famille, cela fait chaque année plus de dix-huit francs, car le sel coûte treize sous la livre.

Or, comme les impôts indirects sont affermés, le paysan est l'objet d'une inquisition permanente de la part des commis qui ont droit de visite.

Cette exagération des impôts engendre une excessive pau-

---

(1) Impôts directs : Taille personnelle et réelle, Capitation, Vingtièmes, Taxe en remplacement des corvées.

(2) Impôts indirects : Gabelle, Aides, Traites. Elles sont affermées.

vreté. Le cultivateur, dans la crainte d'être augmenté, ne cultive que le strict nécessaire pour son existence, et la terre produit bien moins qu'elle ne devrait. Depuis le commencement du siècle, le duc de Saint-Simon, d'Argenson, Massillon déplorent la misère des campagnes ; sous Louis XVI les rapports des intendants la signalent presque dans toutes les provinces. De là, un sourd mécontentement qui sera facilement exploité par les meneurs révolutionnaires.

Inégalités de répartition des impôts.

Mais ce qui l'augmente encore c'est l'étendue des exemptions.

La noblesse ne paie pas la taille personnelle et est dispensée de la taille d'exploitation pour les domaines exploités directement ou par régisseurs. Quant aux autres impôts directs : la capitation, les vingtièmes, la taxe pour l'entretien des routes, ils doivent en principe être supportés par tous, mais en fait, par suite de l'arbitraire qui règne dans le système de collection de ces impôts, la plus grande part retombe sur les taillables, c'est-à-dire sur les laboureurs. D'autre part, une foule de charges donnent prétexte à diminution : les fonctions administratives ou judiciaires, les emplois dans la gabelle, dans les traites, dans les domaines, dans les postes, dans les aides et dans les régies (1). La bourgeoisie a donc aussi une grande part des exemptions et ce sont en définitive les classes les plus aisées qui échappent à l'impôt.

La situation de l'agriculture appelle donc de profondes réformes. La Révolution les a-t-elle accomplies ?

II

SITUATION ACTUELLE

Si nous écoutons les plaintes qui en ce moment s'élèvent de tous côtés, la condition des agriculteurs est loin d'être prospère. La dépopulation des campagnes est la manifestation d'un état d'instabilité et de souffrance incontestable ; nombre de familles de petits propriétaires disparaissent ou tombent dans une condition inférieure analogue à celle des prolétaires des villes. Malgré de très grands progrès dans la culture, l'aisance

(1) Taine, p. 480. *L'ancien régime.*

diminue et la propriété perd sa valeur ; dans certains départements, comme l'Aisne, de grands domaines ne peuvent plus s'affermer et certains propriétaires sont réduits à semer en bois des terres où la charrue traçait autrefois son sillon.

En recherchant les causes de cet état d'appauvrissement, nous rencontrons des abus analogues à ceux qui ont déjà été signalés à la fin de l'ancien régime : absentéisme, exagération et mauvaise répartition des impôts (*).

Absentéisme.

En 1889, nous constatons que l'absentéisme subsiste toujours.

Sur nos 50 millions d'hectares, il y en a 7 qui appartiennent à ceux qui les font valoir directement. Une autre partie est exploitée par des métayers associés à leurs propriétaires. Mais un grand nombre de terres appartiennent à titre de placement à des habitants des villes qui restent étrangers à la culture. C'est là un grand obstacle au progrès de l'agriculture.

Mais le mal est surtout sensible lorsque de grandes propriétés sont transformées en terres de chasse ou d'agrément, comme nous le voyons déjà dans certains départements voisins de Paris, où les financiers juifs se sont taillés d'immenses domaines improductifs.

Impôts.

La situation actuelle au point de vue des *impôts* qui grèvent l'agriculture est analogue à celle de 1789. D'abord l'impôt foncier. Les centimes additionnels viennent ensuite. Les campagnes acquittent les impôts des portes et fenêtres, les contributions personnelle et mobilière. Le fisc ne leur accorde aucune faveur. Il exempte le propriétaire urbain dont les locaux demeurent vides, mais les terrains sans rapport ne

(*) Sources à consulter : *Tableau complet de la répartition de la contribution foncière en 1800*, par M. SANOUET, président de la Société de Topographie parcellaire ; *Statistique internationale de 1873*, publiée par M. TOUBEAU dans la *Revue positive* de juillet-août 1882 ; *La terre aux paysans*, article de la *République radicale* ; EDG. SIMON : *Relevé des cotes foncières par catégories de contenances ; Bulletin de statistique et de législation comparée*, 8ᵉ année, août 1884 ; *Rapport* de M. TISSERAND, directeur de l'agriculture au Ministère de l'Agriculture, 1886 ; LE PLAY : *Ouvriers Européens ; Rapport* officiel de M. RISLER.

sont de sa part l'objet d'aucune exemption. Plus que toute autre propriété, la terre supporte les droits qui résultent des formalités imposées par la législation successorale, le droit de succession qu'on paye sur le passif comme sur l'actif, sur les immeubles grevés d'hypothèques, comme sur les biens libres de toute charge, les frais occasionnés par les partages d'ascendants, les licitations qui pour les petites propriétés dévorent la plus grande partie de l'actif, et pour toutes entraînent une dépréciation, en exigeant une vente à bref délai. D'après les calculs du directeur de l'agriculture, M. Tisserand, les charges infligées à l'agriculture s'élevaient en 1883 à 611.131.120 fr., tandis qu'en 1869 elles ne représentaient que 449.453.000 fr. *C'est 25 °/₀ du revenu agricole.*

Ajoutez encore les impôts indirects, les octrois qui atteignent les cultivateurs puisque ce sont leurs produits qui sont frappés à l'entrée des villes, et enfin la situation avantageuse faite aux producteurs étrangers par l'insuffisance des droits compensateurs. Ne serait-il pas juste de faire payer aux agriculteurs de l'Amérique ou de l'Inde l'équivalent des impôts que paie l'agriculteur français qui a encore à supporter la lourde charge du service militaire ?

Quand on considère tout ce que le paysan a aujourd'hui à supporter, on s'explique qu'un si grand nombre prennent en dégoût une profession qui devrait être, au contraire, l'objet de toute la sollicitude des pouvoirs publics.

Inégale répartition de l'impôt.

Ceux qui détiennent aujourd'hui la propriété mobilière et disposent d'un revenu de 3.985 millions, ne paient que 160 millions d'impôt, soit 4 °/₀. Et parmi eux les propriétaires de rente française ou de valeurs étrangères n'y sont pas soumis, pendant que le propriétaire foncier donne le quart de son revenu à l'Etat. Ces différences choquent moins que celles de l'ancien régime parce qu'elles sont moins apparentes, elles n'en sont pas moins réelles, ni moins contraires à une équitable répartition des charges publiques.

C'est le devoir des agriculteurs de protester contre de tels abus.

L'inégalité de traitement n'est pourtant pas le seul grief de l'agriculture à l'égard des valeurs mobilières. Le développement que celles-ci ont pris dans ce siècle n'a pas été sans influence sur la situation précaire et misérable des campagnes.

Pour l'agriculture comme pour l'industrie le capital est le levier puissant qui permet les grandes entreprises ; c'est l'instrument du progrès, c'est la force qui transforme et perfectionne, c'est l'auxiliaire indispensable de tout travail fécond. Mais le capital est avide des gains faciles, rapides, élevés, et tout conspire pour l'éloigner de la terre qui en est la source la plus abondante et du cultivateur qui le reconstitue sans jamais se lasser par son travail et son épargne.

Sans parler des entreprises financières véreuses ou fondées à l'étranger, combien d'institutions modernes, jusqu'ici considérées comme inoffensives, drainent chaque jour les capitaux dont l'agriculture aurait besoin !

Combien de milliards sont absorbés par la Rente d'État et ces emprunts incessants que les Économistes ont vantés jusqu'à dire que plus un État emprunte plus il s'enrichit ! Combien s'engloutissent dans les Caisses d'épargnes dont une habile organisation postale vient soutirer les ressources des cultivateurs jusque dans les moindres villages !

Combien sont absorbés par les Caisses des sociétés financières, du Crédit foncier, des grandes Banques dont les dividendes et les intérêts, toujours payés à date fixe, sont un appât que les bénéfices de la culture ne peuvent offrir ! La terre n'est jamais ingrate, mais elle ne rend que lentement et avec parcimonie ce qu'on lui a donné. Les valeurs mobilières sont moins sûres, mais il est si commode de pouvoir emporter sa fortune en portefeuille ! il est si facile de réaliser ses titres ! il est si avantageux de toucher exactement ses revenus ! Enfin, pour ceux qui connaissent les ressorts puissants qui font varier les cours, la spéculation offre des procédés si rapides d'enrichissement ! Comment le capital résisterait-il à tant d'avantages que la législation favorise ? Il n'y faut pas songer. Mais pendant ce temps l'agriculture, dont les veines épuisées se déssèchent, languit et végète. Le sang lui manque, elle végète et meurt d'anémie.

C'est une lutte inégale entre la *terre* et l'*argent*. A l'une, toutes les charges ; à l'autre, tous les privilèges.

Disparition des communaux.

Il y eu d'autre part une *aggravation* dans la situation des paysans pauvres, due à la disparition toute moderne des communaux. L'assemblée législative décréta en 1792 qu'ils seraient partagés entre les habitants.

La Convention décréta que l'État prendrait à sa charge les dettes des communes et se dédommagerait en vendant leurs biens à son profit. La résistance des intéressés fut telle que deux après le gouvernement dut suspendre la vente des biens communaux.

En 1813 le gouvernement fut de nouveau amené par les malheurs des temps à décréter l'aliénation des propriétés communales. En 1816 une loi remit les communes en possession des biens qui n'avaient point été vendus.

Les biens composant aujourd'hui la propriété des communes ne comprennent plus que 2.800.000 hectares de friches et tourbières consacrées au pâturage, 1.700.000 hectares de bois, et 200.000 hectares de terres arables, de prairies et de propriétés diverses. Les pâturages seuls sont à la disposition immédiate des habitants. Les autres biens sont pour la plupart affermés, et les produits en sont affectés à des dépenses d'intérêt commun. Dans une seule localité l'argent provenant des locations est directement attribué aux habitants.

Les biens communaux ont exercé dans le passé l'influence la plus heureuse sur le sort des populations rurales. Le peu qui en reste est insuffisant, car leur principal rôle dans l'économie sociale est d'assurer des ressources aux ouvriers agricoles et aux propriétaires de parcelles dont les ressources sont insuffisantes.

.·.

Le bilan de l'agriculture, cent ans après la Révolution, est donc encore fort attristant.

D'où vient donc cette impuissance des agriculteurs à se défendre contre les charges qui les accablent? On s'accorde à reconnaître qu'elle tient surtout à leur isolement. Quoique les plus nombreux, ils sont cependant les plus faibles, car aucun lien d'association ne les unit.

A vrai dire, jusqu'à ces derniers temps, la législation elle-même imposait cet état d'individualisme; mais la loi de 1884 sur les syndicats, brisant avec les anciens errements, vient de donner un libre essor à toutes les tentatives de groupements professionnels.

Syndicats agricoles.

Les agriculteurs sont entrés de tous côtés dans la voie nouvelle qui les rendra forts en favorisant leur union. Les propriétaires, pénétrés des obligations de leur fonction sociale, ont pris la direction du mouvement, et, grâce à leur initiative, nous assistons aujourd'hui à une merveilleuse floraison d'associations agricoles, qui donne pour l'avenir les plus heureuses espérances.

Que de services ces associations sont appelées à rendre aux cultivateurs !

Institutions de prévoyance pour la maladie, les accidents ou la vieillesse, sociétés de production et de consommation, caisses d'assurance contre l'incendie, la grêle ou la mortalité des bestiaux, caisses de crédit mutuel ; il est facile d'apercevoir que tout cela peut être créé par les syndicats.

S'ils y manquaient, l'œuvre serait assurément entreprise par l'État, car elle est nécessaire, urgente, indispensable ; et nous n'éviterions pas les dangers du socialisme césarien, dont la menace grandit chaque jour chez les peuples soumis à l'individualisme.

Le péril sera sans doute conjuré, grâce aux efforts qui se manifestent. Si le mouvement est sagement dirigé, on verra se constituer dans chaque canton des associations agricoles qui, en se fédérant à l'arrondissement et au département, réaliseront cette représentation de l'agriculture toujours vainement réclamée, car les éléments nécessaires à sa constitution faisaient défaut.

A ce point de vue, on peut augurer très favorablement du mouvement actuel. Les aspirations qui se dégagent, la transformation qui s'opère sont un acheminement vers une reconstitution organique des classes agricoles, dont les effets salutaires ne tarderont pas à se faire sentir.

Petits domaines.

D'autre part, un courant d'idées se dessine très nettement en faveur de la constitution de familles attachées au sol par les liens d'une propriété moins précaire que celle inaugurée par le Code civil.

Deux terribles ennemis se sont attaqués depuis un siècle à la stabilité des propriétés rurales et, par là même, des familles dont elles étaient la base : ce sont le morcellement et l'hypothèque.

Les petits domaines surtout ont eu à souffrir de leurs atteintes ; il y a, en effet, un minimum d'étendue au-dessous duquel le domaine rural ne peut plus suffire à l'entretien de la famille. S'il se divise encore, ce n'est plus un domaine assurant à son possesseur la dignité de la vie et l'indépendance, ce sont des lambeaux dispersés entre les mains de cultivateurs dont la condition va toujours s'amoindrissant.

Ainsi disparaissent ces fortes familles de petits cultivateurs dont les membres descendent peu à peu au rang de simples ouvriers agricoles, et finissent, après quelques générations, par tomber dans le prolétariat.

La décadence est plus rapide encore si le petit propriétaire, obligé de recourir au Crédit dans les conditions actuelles, a donné son bien en hypothèque.

Les intérêts multiplient, la dette s'accroît, et un jour vient où le créancier se montre exigeant; alors on vend la terre qui a nourri vingt générations et le foyer qui les a abritées. La statistique fournit à cet égard des chiffres de saisies, qui vont en augmentant d'autant plus que la crise générale des affaires s'accentue davantage.

Pour arrêter les ventes forcées, on commence à réclamer pour les petits propriétaires la faculté de déclarer leur domaine insaisissable, par analogie avec le *homestead* américain et le *heimstall* inscrit sur les *hoferolle* allemands; on propose également l'organisation de l'amortissement des hypothèques qui grèvent la petite propriété.

Quelques-uns même demandent qu'au-dessous d'un certain minimum de terre, variable naturellement suivant les contrées et le genre des cultures, le morcellement ne puisse avoir lieu.

Enfin le dégrèvement des charges agricoles, en commençant par les petits domaines, a été plusieurs fois réclamé.

Toutes ces mesures sont inspirées par la nécessité de protéger la petite propriété; non pas la propriété parcellaire seulement, mais surtout celle qui permet aux familles rurales de vivre sur leur propre bien, avec sécurité, en le travaillant de leurs propres mains.

Le régime de la propriété instable, créé par le code civil, est donc vivement combattu; celui des successions, avec l'obligation des parts égales en nature, ne suscite pas moins de critiques justifiées.

Une législation nouvelle contribuerait puissamment à reconstituer dans l'agriculture une classe nombreuse et forte de petits cultivateurs.

Toutefois, les tendances vers une réorganisation des classes agricoles que nous constatons à la fin de ce siècle prendront plus de consistance encore, et paraîtront d'une application plus facile, si on reconnaît que les propriétaires agricoles se distinguent naturellement en trois groupes :

1° Les propriétaires de grands et moyens domaines, c'est-à-dire ceux qui doivent recourir à la main-d'œuvre étrangère pour les cultiver.

2° Les propriétaires de petits domaines qui les cultivent eux-mêmes et y trouvent une existence assurée.

3° Les propriétaires de simples parcelles, insuffisantes pour faire vivre la famille, et qui s'emploient comme ouvriers agricoles.

Faute de faire cette distinction essentielle, on retarde l'accomplissement des réformes désirées, car il est facile de s'apercevoir que les mêmes règles ne peuvent s'appliquer uniformément à chaque groupe de propriétaires.

La jouissance de biens communaux, par exemple, les caisses de retraite, de prévoyance conviennent aux ouvriers agricoles que leur propriété ne suffit pas à nourrir. L'insaisissabilité de leur foyer et des parcelles péniblement acquises à force d'économie leur serait certainement avantageuse.

Mais il serait bien inutile de restreindre la divisibilité de ces mêmes parcelles qui ne constituent pas un domaine rural et dont le commerce est favorable pour permettre aux ouvriers économes l'accession à la propriété.

L'interdiction du morcellement, au contraire, est, avant tout, nécessaire pour ces petits domaines de famille que nous avons caractérisés plus haut. Elle sera favorablement accueillie précisément parce qu'elle n'est pas de nature à éveiller les susceptibilités qu'une pareille mesure inspirerait encore aujourd'hui, si on parlait de l'appliquer aux grands domaines.

Ces quelques indications suffisent à montrer l'avantage qu'il y aurait à distinguer les trois classes de propriétaires que la nature même des choses a établies.

Mais dans cet examen des conditions actuelles de l'agriculture et des idées diverses qui préoccupent les esprits de notre temps, il n'est pas possible de passer sous silence la question des différents modes d'exploitation de la terre.

Modes d'exploitation.

Les propriétaires ont à leur disposition, aux termes de notre législation, trois procédés différents :

L'exploitation directe ou personnelle avec ou sans le concours d'ouvriers, suivant l'étendue ;

L'exploitation par association ou métayage;

L'exploitation par location ou fermage.

Dans les deux premiers cas, le propriétaire intervient directement; dans le troisième, c'est un locataire qui a la charge et les risques de la production, il loue l'instrument de travail et en tire les fruits à ses risques et périls, moyennant toutefois le paiement d'une rente au propriétaire.

Assurément, au fond, les intérêts des fermiers et des propriétaires sont communs sur bien des points, mais on fait observer qu'ils sont opposés sur d'autres, en particulier pour le prix de location, et il y a là une cause d'antagonisme latent dont les effets sont devenus très sensibles.

On reproche aussi souvent au fermage de rendre trop facile au propriétaire de se désintéresser de sa fonction sociale et d'échapper à cette loi du travail à laquelle tous sont soumis, riches et pauvres. L'homme, dit Job, est fait pour travailler comme l'oiseau pour voler.

L'inconvénient peut-être le plus grave de cette oisiveté de certains propriétaires, n'ayant, d'autre part, aucune fonction sociale, étrangers souvent au pays, ignorants des devoirs de leur charge, c'est qu'elle démoralise le peuple en lui faisant considérer la vie inutile et improductive comme la condition la plus enviable et la plus entourée de considération, comme l'idéal de vie auquel on doit viser, comme la situation qu'il doit conquérir au prix de ses sueurs afin de la transmettre à ses enfants dont il aura ainsi ennobli l'existence.

Les organes socialistes vont même jusqu'à accuser le fermage de majorer les prix des denrées nécessaires à la subsistance, comme le blé, la viande et le vin. Ils lui reprochent aussi d'enlever aux campagnes l'argent qu'elles ont produit, lorsque le propriétaire est un habitant des villes où toute richesse se trouve ainsi accumulée (1). Au moins, lorsque le propriétaire est résidant, ses fermages retournent aux cultivateurs comme une manne bienfaisante; mais si ces revenus sont dépensés au loin, la terre s'épuise à produire des fruits sans que ceux qui la cultivent y aient une part suffisante.

---

(1) Comment s'étonner, disent-ils, de la dépopulation des campagnes! Le cultivateur suit son argent. Où trouve-t-on les gros salaires? à la ville. Où est-on bien logé, bien nourri, bien vêtu? à la ville. C'est là que toute richesse est concentrée. Les malheureux, ceux dont la vie est dure et pénible, se dirigent naturellement là où il y a chance d'en recueillir quelques miettes. Est-ce donc leur faute à eux et ne sont-ils pas plus à plaindre qu'à blâmer?

Aussi, de même que dans l'industrie la fin de ce siècle a entendu retentir ce cri de revendication : *l'outil à l'ouvrier;* de même, dans l'agriculture, nous avons vu certaine école inscrire sur son programme : *la terre aux paysans.* Le péril serait grand si cette théorie était répandue dans les campagnes, car elle y trouverait assurément beaucoup d'écho. Ce serait le comble de l'imprudence que de ne pas se mettre en garde contre ses conséquences.

Pour nous, remontant à la tradition historique, nous constatons que le système de la redevance a l'origine la plus légitime. Elle représentait en quelque sorte l'indemnité due au seigneur féodal pour les services publics dont il avait la charge : service militaire, service judiciaire, service d'assistance. Mais, à vrai dire, peu à peu le pouvoir central s'est chargé de pourvoir à tout et même de payer ceux qui, pendant longtemps, devaient exercer à leurs frais les fonctions publiques.

Les redevances sont restées néanmoins ; mais, comme le taux jadis fixé ne variait pas, elles demeurèrent longtemps pour ainsi dire insignifiantes. Ce n'est qu'à partir du xvi° siècle, c'est-à-dire au moment où l'esprit chrétien s'affaiblit, et où les institutions se transforment, que s'introduisit l'usage des baux temporaires; le taux des redevances subit alors la progression de toutes les valeurs. Enfin, le caractère de placement se généralisa considérablement pour la terre lorsque, par la vente des biens nationaux, la quantité de domaines jetés dans le commerce fut tout d'un coup augmentée dans de grandes proportions. Dès lors, le rôle social de la propriété, déjà bien amoindri, fut de plus en plus oublié.

Pour un trop grand nombre la terre est devenue un placement de fonds; c'est un capital qui produit un revenu, et, à tout prix, le fermage doit représenter l'intérêt de la somme consacrée à l'acquisition du domaine.

Aux inconvénients que paraît présenter l'abus du contrat de location de la terre, on oppose fréquemment les avantages du contrat d'association ou métayage.

Celui-ci, en effet, établit l'union la plus étroite entre le propriétaire et le métayer; il favorise l'accomplissement des devoirs de patronage; il rend nécessaire la résidence.

Le mode d'exploitation de la terre a donc une grande influence au point de vue social.

Nous nous bornons à indiquer ces questions parce qu'elles méritent d'être examinées.

Il appartiendra aux assemblées provinciales d'indiquer comment il semble qu'elles peuvent être résolues.

Peut-être s'étonnera-t-on que dans ce long exposé de la situation de l'agriculture il n'ait pas été parlé de la crise agricole.

Beaucoup d'agriculteurs pensent que nous sommes dans une situation transitoire, que des relèvements de tarifs ou une modification politique auraient vite transformée. Cette opinion, si répandue qu'elle soit, est cependant difficile à admettre.

Comment considérer comme une crise passagère un état économique qui se manifeste par une surabondance de produits agricoles? Est-ce que les récoltes, sauf celles de la vigne, ont diminué? Est-ce que la terre se montre moins féconde? Non, ses rendements vont plutôt en s'augmentant toujours.

Certes, rien n'est plus légitime que de réclamer des droits compensateurs, car il serait injuste d'assurer aux producteurs étrangers une situation plus favorable qu'aux producteurs français; mais, espère-t-on pouvoir indéfiniment maintenir des cours élevés sur des objets nécessaires à la subsistance, afin de relever la valeur commerciale de la propriété rurale en lui procurant une rente plus forte?

Nous croyons le mal plus profond, et nous voudrions l'avoir démontré. Une grave question sociale est posée : il s'agit de savoir qui l'emportera, de la terre ou de l'argent. Nous assistons dans l'agriculture à la grande lutte du travail et du capitalisme, qui est le fait mémorable de la fin du XIXe siècle.

L'heure est venue de choisir entre l'économie chrétienne et l'économie rationaliste.

GABRIEL ARDANT.

Sommaire des questions traitées dans le mémoire.

Sommes-nous en présence d'une crise agricole ou d'une crise sociale ?

Les abus de l'ancien Régime touchant la propriété agricole ont-ils disparu avec la Révolution ?

a) Absentéisme.

b) Charges fiscales.

c) Inégalité de traitement de la propriété foncière et du capital mobilier.

I

Amélioration de la condition des propriétaires agricoles.

Création d'associations agricoles :

a) Syndicats.

b) Institutions qui peuvent être constituées par leurs soins :

Caisses de prévoyance.

Sociétés coopératives.

Caisses d'assurances.

Caisse de crédit mutuel.

Le crédit agricole peut-il être organisé en dehors de l'association et de la mutualité ?

Comment arrêter le drainage des capitaux : Rente d'Etat; caisses d'épargne ?

c) Est-il nécessaire de distinguer plusieurs classes de propriétaires agricoles ?

d) Convient-il de soumettre ces trois classes à une législation uniforme ?

II

Protection spéciale de la petite propriété.

a) Mesures applicables à la propriété parcellaire : insaisissabilité.

b) Mesures applicables aux propriétaires de petits domaines :

Insaisissabilité.

Interdiction du morcellement.

Diminution des charges.

III

Modes divers d'exploitation de la terre :

Exploitation directe.

Métayage ou association.

Fermage.

La terre peut-elle être considérée comme un placement?

Le fermage n'offre-t-il pas de graves inconvénients, parce qu'il favorise l'acquisition du sol par les capitalistes habitant les villes et étrangers à la culture?

N'est-il pas un obstacle à l'exercice de la fonction sociale du propriétaire, en favorisant l'absentéisme?

Serait-il possible de développer davantage les contrats d'association pour l'exploitation de la terre et de restreindre le système des contrats de location?

Bar-le-Duc. — Typ. de l'Œuvre de Saint-Paul, Schorderet et C° — 191

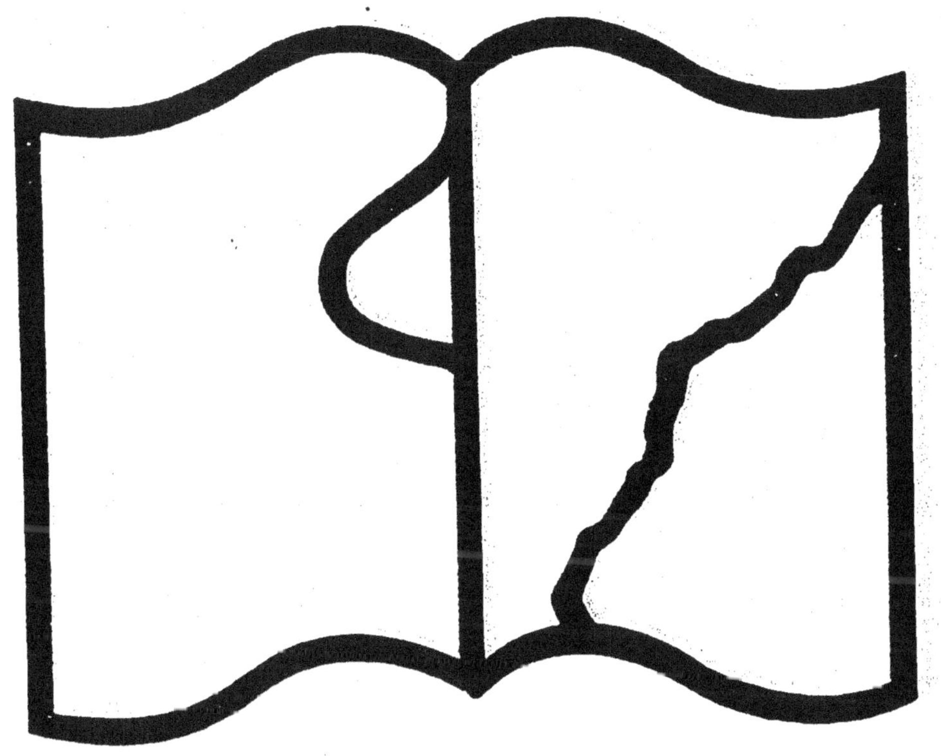